隨手變生活

簡約品味的手工改造技能

孫家媛 著

人文的・健康的・DIY的
腳丫文化

手作。是我的創意泉源。

　　這十年來一直在手工這條路上創作著,從起初布藝的創作,到後來多元不同媒材的首飾、飾品配件設計,越玩越廣,越玩越懂得惜物。不管是兒時的小收藏,還是親朋好友的二手衣物與飾品,都能成為我新作品的創意元素。

　　惜物、再生利用的觀念,我從台灣一路帶著它們,到大陸湖南、貴州、廣東等地,以及偏遠山區,希望透過自己小小的努力,和更多人一同動手做,讓手作的快樂,分散到各個角落。相信未來我仍然會在這條路上努力,繼續使用舊物創作更多元的作品,雖然手中的材料並不貴重,但它絕對是獨一無二,屬於自己的創作,這是無價的,且成為生命中重要的一塊小歷史。

E-mail:rc.rabbitcity@gmail.com

登場小兔介紹

艾比媽媽

　　艾比是個國小老師，除了在學校教書之外，平常在家也喜歡拿針線幫先生杰比及女兒菲比的衣服縫縫補補，縫補衣服是她最大的樂趣。

杰比爸爸

　　杰比是個上班族，有個賢慧的老婆艾比以及乖巧的女兒菲比。每當衣物破損時，老婆艾比總是三兩下補好；女兒也很會逗他開心，是最幸福的兔子了。

菲比妹妹

　　菲比今年國小五年級，平常活潑好動，所以衣服常常東破西破，幸好有一個很厲害的媽媽，一下子就可以幫她把衣服修補好了。

Contents

基礎手縫技巧

Lesson 2

學會縫補基本功(1)初級篇

Lesson 3

學會縫補基本功(2)進階篇

手縫技巧應用(1) 創意改造衣物

附紙型
108頁

Lesson 5 手縫技巧應用(2) 手作布小物

Lesson 1
基礎手縫技巧

第一次嘗試手縫的人一點也不用擔心學不會！
Lesson 1 將用最簡單易懂的文字，並搭配圖片，
由艾比媽媽帶領大家學習基礎手縫技巧，
從基本工具、穿線法、手縫法等方面加以介紹。

認識基本工具

首先來認識有哪些手縫必備的工具，把這些工具備齊，
想要縫補時就很方便囉！

❶剪布剪刀：剪刀的一邊為平
　的，靠近桌面時方便裁剪，布
　料專用剪刀不能裁剪布以外的
　東西。

❷剪刀：用來剪紙型、魔鬼氈等
　非布料的材料。

❸粉片：適合用在衣服作記號時
　使用，遇水則消失。

❹手縫針：可買一盒綜合針，裡
　面有各種大小尺寸。

❺珠針：用來暫時固定布料、蕾
　絲、配件的位置。

❻絲針：用來暫時固定布料、鋪
　棉、版型的位置，以方便整
　燙。

❼手縫線：手縫線比一般車縫線
　粗，可使手縫的物品耐用度增
　加。

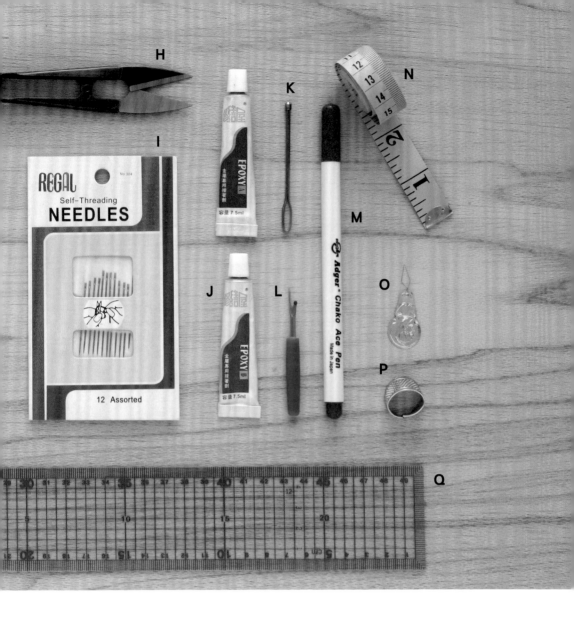

H 剪線刀：較短較尖的刀頭，方便剪線頭或是拆線使用。

I 免穿線針：不用為穿線苦惱的免穿線針，但有個小缺點，就是縫久了線容易斷，所以要視個人習慣使用。

J AB膠：黏合布料與皮鞋時使用。

K 鬆緊帶夾：用來穿鬆緊帶或繩子。

L 拆線器：拆除不要的縫線。

M 消失筆：作記號時使用，有水消式或氣消式。水消式遇水則消失，氣消式則隨空氣蒸發慢慢消失。

N 布尺：量尺寸、量身。

O 穿針器：輔助穿線用，後篇第15頁將會介紹使用方法。

P 頂針器：套在手指上以保護手指，或將手縫針順利推進厚硬的布片。

Q 尺：用來測量尺寸、畫記號。

認識材料

這裡將介紹本書手縫時，所使用到的材料，
瞭解不同材料的特性，就可以充分地運用它們囉！

這塊布
好。舒。服！

平織布

平織布有分經（直向）緯（橫向）紗，就像以前人在編竹籃一樣，一上一下交錯，布料沒有彈性。

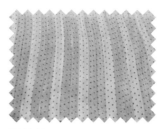

雪紡紗

半透明的薄紗布料，常用來製做飄逸的裙子或洋裝。本書將教你用來製做氣質胸花。

斜紋布

斜紋布也有分經（直向）緯（橫向）紗，但有二上一下或三上一下等多種變化，織出來的布有傾斜的紋路，斜紋角度依織法不同而有所差異。

刷毛布

屬於有彈性的布料，水洗後容易起毛球。可買經過搖力處理的刷毛布，不易起毛球，適合用來製作娃娃、抱枕等作品。

顆粒布

有彈性的布料，表面顆粒一球一球的，用來製作娃娃、抱枕等作品，非常有特色。

麂皮繩

麂皮繩有各種顏色，常用來做項鍊、手鍊、綁帶。

各式緞帶

緞帶有分各種不同的材質與寬度，可隨自己的喜好搭配，用來裝飾衣服、胸花、髮飾，都非常適合。

扣子與珠子

收集一些復古的扣子、旗袍盤扣或是各式顏色的珠子、小花配件，用來裝飾在自己的作品上，都很實用喔！

基本穿線法

這裡將介紹如何用手穿線，或是運用工具來穿線，
以及免穿線針的使用方法。

一般穿線法

1

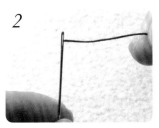
2

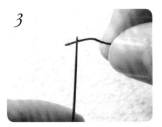
3

用剪刀斜剪線的尾端，使線的尾端呈現尖狀。

將線的尾端對準針孔。

輕輕將線穿入針孔即可。

使用穿針器穿線

1

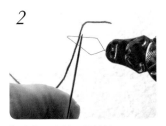
2

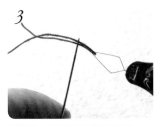
3

將穿針器的前端穿入針孔。

把線穿入穿針器的前端。

輕輕將穿針器拉出針孔即可。

免穿線針的使用

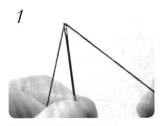
1

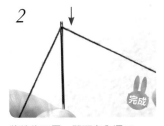
2

把線放在免穿線針的上方。

將線往下壓，即可穿入洞口。

原來穿線的
方法這麼多！

單線打結法

縫小東西或是為了作品美觀我們會使用單線縫製作品，
因此單線的打結法，是最常使用的方法。

1

線尾拿起，放在左手食指上，將針與線以垂直方式
放上(線在下，針在上)。

2

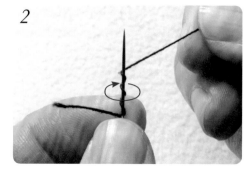

拿起線尾，以順時針方向繞針3～4圈。

小叮嚀：要繞幾圈可根據打出的結需要多大來決
定，繞的圈數越多，打出的結會越大。

3

將所繞的線向下拉，聚集在一起。

4

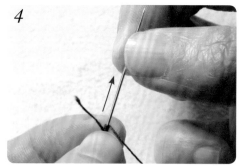

用左手大拇指將剛剛繞完的線壓住，再將針往上一
拉。

5

縫補衣服用
單線打結就OK！

結打好了。

雙線打結法

縫包包這種需要耐重的作品，或是抱枕、布偶需要塞入棉花的作品，
我們會使用雙線縫，因為這樣才夠牢固，
所以雙線的打結法也一定要學會喔！

1

雙線線尾拿起，放在左手食指
上，將針與線以垂直方式放上。
拿起線尾以順時針繞針2〜3圈。

2

將所繞的線聚集在一起，左手大
拇指將繞完的線壓住，針往上一
拉，結打好了。

雙線打結比較牢固，
一起學起來吧！

止針打結法

這種打結法是當我們縫完一件東西要結束時，
或是線不夠長要換線時，所使用的打結方法。

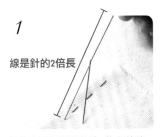

1

線是針的2倍長

打結時最好留下針的2倍長的線，
所剩的線太短會非常難打結。

2

將針放在最後一針出線的地方，
拿起線尾繞針3〜4圈。

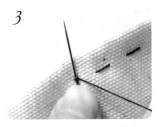

3

將所繞的線向下拉，聚集在一
起。

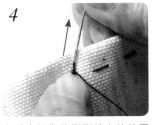

4

左手大拇指將剛剛繞完的線壓
住，再將針往上一拉。

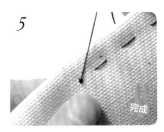

5

結打好了。

各種基本的手縫法

介紹各種常用的手縫方法，可依照不同用途加以運用。

平針縫 | 這是最簡單的針法，用途也很廣，可作為裝飾、打摺、疏縫等使用。

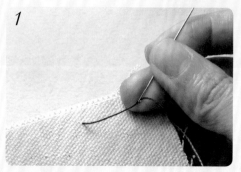

1

從布的右邊起針。

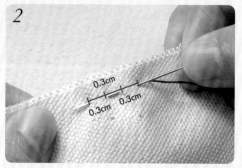

2

針在布上一進一出，要保持相同的間距（約0.3cm）。

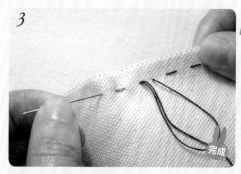

3

完成

重覆同樣的動作，將線拉出即可。

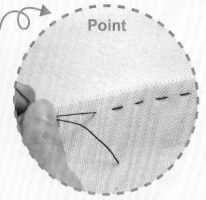

Point

小叮嚀：縫線均勻、整齊是基本的要求。一次連縫數針，不僅節省時間，也易於控制針距。

迴針縫 │ 這是一種非常牢固的縫法，
是手縫技巧裡經常使用的方法。

1

從布的右邊起針。

2

將針往右0.3cm刺入。

3
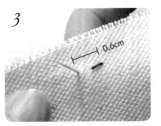
再往左0.6cm穿出，將線拉緊。

4
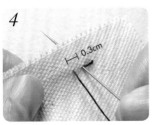
繼續步驟2的方法，將針往右0.3cm刺入，即回到一開始起針的位置。

5

重覆上述步驟，即完成迴針縫。

完成

迴針縫背面的模樣。

迴針縫 Point

迴針縫線的緊度是非常重要的。
若是縫製過程中線拉得太緊，布會出現皺摺，太鬆則縫線會外露，適中才能縫得美觀又耐用。

縫線緊度適中。

縫線過緊。

縫線過鬆。

藏針縫

這是運用在兩塊布的結合而不看到線的縫法。
這種縫法常用於作品收口時的縫合。

1

針從摺邊裡面刺出。

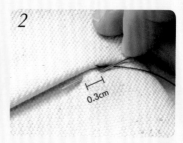

2

0.3cm

同一位置挑起正對下方的布約0.3cm
距離。

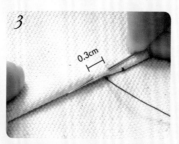

3

0.3cm

再挑回正對上方的布約0.3cm距離。

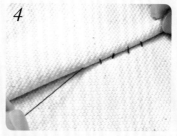

4

重覆步驟2、3。

5

約每4～5針拉緊一次。

6

在收針處打結。

7

針從打結處刺入，隨意一端拉出。

8

完成

將多餘的線剪掉，線頭即可藏入布
內。

立針縫 立針縫顧名思義就是每一針縫出來的線，好像是站立的感覺。通常使用在兩片布的貼合固定，用來縫魔鬼氈、臂章、名牌，都很適合。

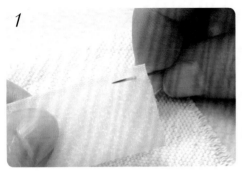

1

針從魔鬼氈的背面穿出，讓線頭藏在裡面。

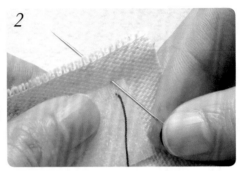

2

對在要貼合的布上，沿著魔鬼氈的邊緣，向上對應的那一點刺入。

3

0.3cm

往前0.3cm處穿出。

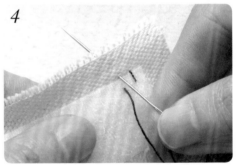

4

沿著魔鬼氈的邊緣，向上對應的一點刺入。

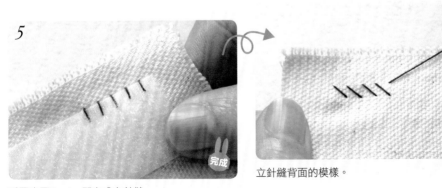

5

完成

重覆步驟3、4，即完成立針縫。

立針縫背面的模樣。

交叉縫 | 交叉縫是處理摺邊時很好用的針法，
像是縫補裙襬、褲腳等都可使用此針法。

針距離摺邊約0.5cm處，從裡面穿出，讓線頭藏於摺縫中。

針緊沿摺邊往下層布挑一根紗。

針在上層布迴挑2～3根紗。

線拉緊。

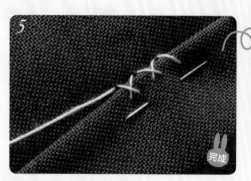

重覆步驟2、3、4，即可完成。

交叉縫背面的模樣。

拆線器、頂針器的使用方法

拆線器和頂針器都是手縫時可以方便運用的輔助工具，
一起把它們學起來！

拆線器

1

將拆線器的尖端套入縫線中。

2

手持拆線器往上勾斷縫線即可。

拆線器的使用是用來協助拆線，可以方便又快速
地，把縫錯需要修改的部分拆掉。
頂針器是手縫時戴於手指，用來保護手指或方便
針推入布中。

頂針器

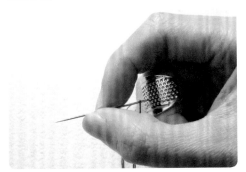

一般是中指戴頂針器，將針的底部抵住頂針器的任
一凹洞，即可使用。可根據自己的習慣更換戴的手
指，也可購買可調鬆緊的頂針器，方便使用。

Lesson 2

學會縫補基本功(1)

初級篇

手縫最適合應用在居家衣物的縫補上，
Lesson 2 將由艾比媽媽和菲比登場，
菲比上學穿的制服和運動褲出現了一些狀況，
一起來看艾比媽媽如何解決！

媽媽，我的衣服扣子掉了！

好動的菲比把扣子弄掉了！
鈕扣的樣式有好多種，讓艾比媽媽來教你各種縫法吧！

雙孔鈕扣的縫法

線穿過布及扣子，再穿回布。

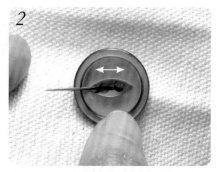

重覆步驟1，來回縫3～4圈。

縫每一圈時要稍微拉緊，確認不會鬆鬆的。

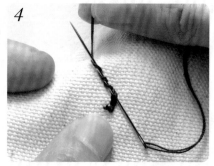

在布的背面打結，把多餘的線剪掉即可。

四孔鈕扣的縫法

先縫對角線的兩個孔，來回縫3～4圈。

再縫剩下的兩個孔，來回縫3～4圈。

在布的背面打結，把多餘的線剪掉即可。

立體扣子的縫法

1

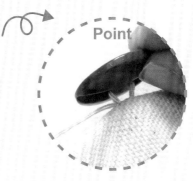

Point

線穿過布及扣子,再穿回布,來回縫2~3圈,扣子與布之間應留一些距離不要縫太緊。

扣子與布之間該留多少距離呢?取決於扣洞附近的衣服厚度,只要預留的距離比衣服厚度稍厚即可,這樣當扣子扣上時,才不會過緊。

2

順時針繞著中間的縫線。

3

大約繞5~6圈,直至繞線變得固定結實,將針刺入布中。

4

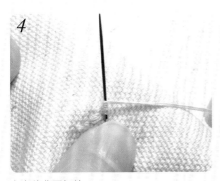

在布的背面打結。

5

線打結後,穿出布的正面剪掉,讓線頭藏於布間。

暗扣縫法

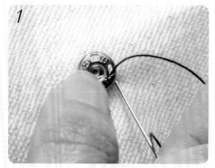

1

線穿過布及扣子，再穿回布。

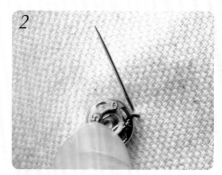

2

針穿回正面。

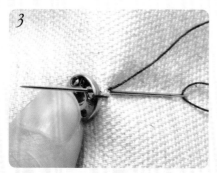

3

針刺回步驟2中線穿出的同一個洞口，並穿過暗扣。

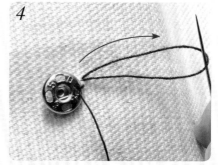

4

線慢慢拉出，剩下一小圈時，針穿過小圈並拉緊。

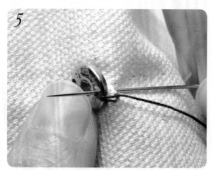

5

沿著暗扣邊緣，往前刺入一針，並穿過暗扣，線慢慢拉出，剩下一小圈時，針穿過小圈並拉緊。

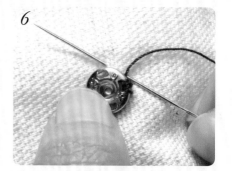

6

重覆步驟5將暗扣的孔縫滿，即刺入布的背面，從旁邊的孔穿出，繼續重覆步驟5。

完成

四個洞都縫完即可。

裙子有點緊，裙鉤該換位置！

菲比漸漸地長大，裙子的尺寸似乎變小了，
趕快來看看要怎麼修改呢？

1

線穿過布及扣子，再穿回布至正面。

2

針刺回步驟1中線穿出的同一個洞口，並穿
過裙鉤孔。

3

線慢慢拉出，剩下一小圈時，針穿過小圈並
拉緊。

4

沿著裙鉤邊緣，往前刺入一針，並穿過裙鉤
孔，線慢慢拉出，剩下一小圈時，針穿過小
圈並拉緊。

5

重覆步驟4將裙鉤的孔縫滿，即刺入布的背
面，打結即完成。

Point

裙鉤的鉤子與鉤環縫製的位置一定
要對齊，扣起來才會整齊美觀喔！

褲子有破洞，怎麼辦？

愛玩的菲比把學校的運動褲弄破一個洞，
就讓艾比媽媽用巧手把它補起來吧！

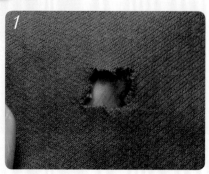

通常被磨破的地方，邊緣都不平整。

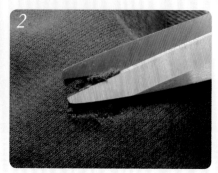

先用剪刀修剪平整。

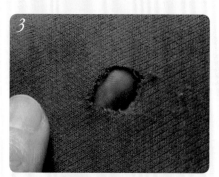

最好修成圓形或橢圓形較易縫補。

剪一塊比洞口大的布，並在布的中央用消失
筆點上記號。

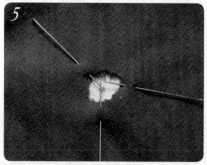

將做記號的布置於褲子內，並使記號調整至
洞口中央的位置，用絲針將褲子與布固定
住。

線穿至正面，沿著洞口的邊緣往左挑一針，
並且針要壓在線上。

將線慢慢拉緊固定。

重覆步驟6、7,順時針往前縫。

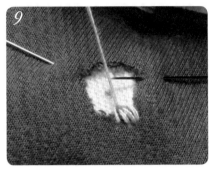

靠近絲針不易縫時,可先將絲針取出。

沿著洞口縫完一圈,用針挑出起針,並穿過固定。

將針刺入布裡,在反面打結。

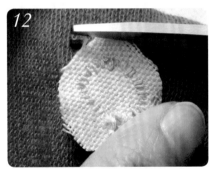

把背面多餘的布邊剪掉。

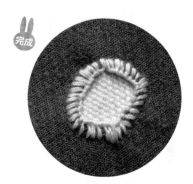

完成

正面完成圖。

POINT: 布與縫線要選擇與褲子相近的顏色,補起來才會漂亮。

衣服勾破了，縫個圖案上去吧！

菲比不小心把衣服勾破了，
聰明的艾比媽媽用了可愛的兔子布章縫補，快來看看怎麼做！

1

根據破洞的大小，選擇比破洞大一點的布章縫製，也可用刷毛布剪自己喜歡的圖案。

2
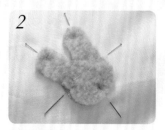

將布章用絲針固定。

3
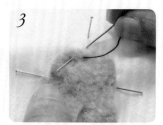

使用立針縫法（請參考本書第21頁）。

4
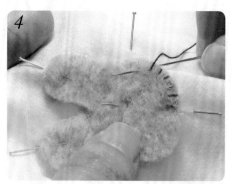

使用立針縫法，沿著布章的邊緣縫。

5
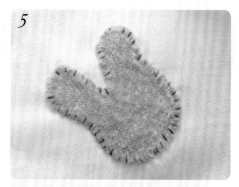

縫完一圈，將針刺入背面，在背面打結。

6
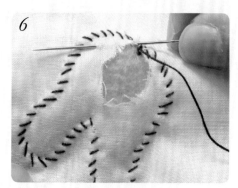

打結後，將針刺入衣服與布章之間。

7

把線剪掉，使線頭留在衣服與布章間。

褲子鬆緊帶鬆了。

菲比的運動褲穿久褲頭漸漸鬆了，需要換個鬆緊帶，
艾比媽媽很有耐心地完成囉！

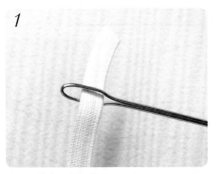

1

將鬆緊帶穿入鬆緊帶夾。

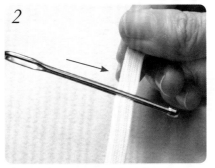

2

將鬆緊帶下拉卡進鬆緊帶夾，直至固定不
動。

3

褲子翻至反面，用拆線器將褲頭縫合處的縫
線拆掉2～3針，取出已斷掉的鬆緊帶。

4

將鬆緊帶夾穿入剛拆掉2～3針的洞口。

5

將鬆緊帶夾沿著褲頭慢慢推入。

6

鬆緊帶的尾端可先固定一支珠針在上面，以
防不小心埋入洞口中。

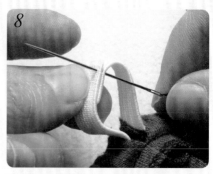

7

8

鬆緊帶繞一圈後，可取下鬆緊帶夾與珠針。

將鬆緊帶的頭端與尾端重疊縫合。

9

10

重疊處縫一個口加上X，使鬆緊帶更加牢固。

把鬆緊帶塞入褲頭內，縫合洞口。

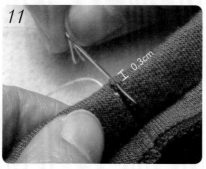

11

12

使用藏針縫（請參考第20頁），挑起正對右方的布約0.3cm距離。

再挑回正對左方的布約0.3cm距離。

13

14

重覆上面兩個步驟並拉緊。

縫合完畢，打結，將針從打結處刺入，其他處穿出，剪掉多餘的線即完成。

隨 堂 測 驗

看完Lesson 2，你對於手縫的技巧是否更上手了呢？
來做個隨堂測驗，看看你學會了多少！

（　）1. 不易將線穿入針孔時可以使用以下何種方法輔助？

　　1.用剪刀斜剪線的尾端，使線的尾端呈現尖狀，再穿針孔。
　　2.使用穿針器。
　　3.使用免穿線針。
　　4.以上皆是。

（　）2. 縫包包類等需要耐重的作品，或是抱枕、布偶這類需要
　　　塞入棉花的作品時最好使用何種縫製法？

　　1.單線縫法。
　　2.雙線縫法。
　　3.三線縫法。
　　4.四線縫法。

（　）3. 關於平針縫以下何者為正確？

　　1.一次連縫數針，不僅節省時間，也易於控制針距。
　　2.針距不同不會影響縫製出的美觀。
　　3.為求整齊一次只能縫一針。
　　4.平針縫的用途較不廣泛。

（　）4. 換鬆緊帶時，褲頭可以使用以
　　　下哪種縫法縫合？

　　1.藏針縫。
　　2.結粒縫。
　　3.平針縫。
　　4.交叉縫。

（　）5. 以下何者為正確？

　　1.可以拿剪布剪刀剪裁布料以外的
　　　材質。
　　2.一般來說車縫線比手縫線粗。
　　3.絲針可用來暫時固定布料、鋪棉、
　　　版型的位置，以方便整燙。
　　4.可以拿一般的直尺來量身。

答案：1.(4)　2.(2)　3.(1)　4.(1)　5.(3)

Lesson 3

學會縫補基本功⑵
進階篇

Lesson 3 將針對難度比較高的縫補技巧，
例如褲腳線鬆開、裙子拉鍊脫線、
口袋裂開等情形加以說明！

老婆！我的褲腳縫線鬆開了。

杰比爸爸的西裝褲穿久了縫線脫落鬆開，
艾比媽媽運用交叉縫將它完美地補起來！

翻至褲子的反面,當褲腳縫線鬆開時可使用交叉縫縫補。

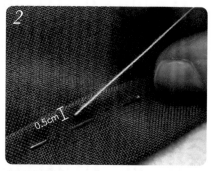

針距離摺邊約0.5cm處,從裡面穿出,讓線頭藏在摺縫裡。

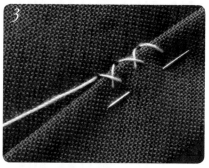

使用交叉縫縫補(請參考第22頁)。

縫完一圈回到原點。

把起針的交叉補上。

打結後,將針從打結處刺入,其他處穿出,剪掉多餘的線。

完成

翻至褲子的正面,只會看到一點,甚至看不到縫線才對。

POINT: 縫線要選擇與褲子相近的顏色,這樣翻到正面就幾乎看不到縫線囉!

哎呀！裙子縫線綻開啦！

裙子脫線最常遇見的就是開叉處脫線與拉鍊處脫線，
這裡介紹這兩種狀況的縫補方法。

裙子開叉脱線

1

裙子開叉的地方，線常會鬆脱，可使用藏針縫法縫補（請參考第20頁）。

2

翻到裙子的背面檢查，若是沒有內裡，或是內裡沒有與裙子縫住時，可使用迴針縫法較牢固（請參考第19頁）。

3

將裙子背面的摺邊抓起。

4

沿著摺紋使用迴針縫縫補，第一針起針要在綻開處左邊1cm的地方，開始縫合，讓新的縫線與舊的縫線重疊1cm，如此較為牢固。

5

縫合後打結。

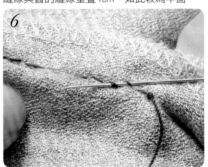

6

用針穿過前面的縫線。

7

讓線頭埋入縫線中，將多餘的線剪掉。

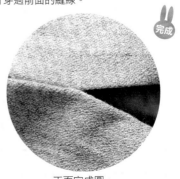

完成

正面完成圖。

裙子拉鍊脫線

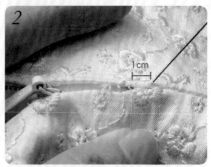

洋裝、裙子的拉鍊附近的線經常容易鬆脫，可使用藏針縫法（請參考第20頁）。

第一針起針要在綻開處右邊1cm的地方，開始縫合，讓新的縫線與舊的縫線重疊1cm，如此較為牢固。

使用藏針縫縫合。

縫合完畢迴挑一針。

再縫回最後一針的位置，如此較不易脫線。

打結後，將針從打結處刺入，其他處穿出。

完成

剪掉多餘的線即完成。

口袋裂開，趕快補起來。

口袋的布料較薄，如果經常使用，一不小心就容易裂開，
只要用藏針縫就能輕鬆補好囉！

口袋裂開時，可使用藏針縫法（請參考第20頁）。

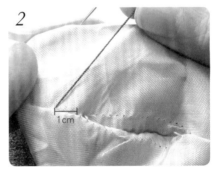

第一針起針要在綻開處左邊1cm的地方，開始縫合，讓新的縫線與舊的縫線重疊1cm。

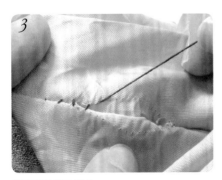

使用藏針縫法縫合。

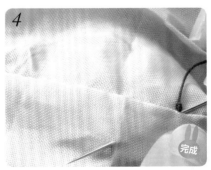

最後一針要收在綻開處右邊1cm的地方，讓新縫線與舊縫線重疊1cm。打結後，將針從打結處刺入，其他處穿出，剪掉多餘的線即完成。

Lesson 4

手縫技巧應用(1)

創意改造衣物

Lesson 4 要教大家如何幫自己家中汰舊的衣物變身新風貌。
例如毛衣變毛帽、襯衫變身休閒服等,
非常有趣,一起動手試看看吧!

皮裙萬變髮圈

原本剝落掉屑的皮裙不能再穿了，
就這樣丟了捨不得，
把它原有的亮麗換成另一個樣子帶在身上，
也是個性。

1

準備一條舊款的紅色皮裙。

2

將髮圈版型(版型請參考108頁)
擺在紅色皮裙上，用消失筆沿著
版型畫下記號，再用剪刀剪下。

3

使用平針縫（請參考第18頁），
將褐色的縫線縫在髮圈的中央。

4

使用平針縫，自由的縫上想裝飾的部分，線頭打結處皆藏在背面。

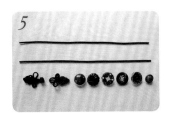

5

準備兩條30cm的黑色麂皮繩、一對暗紅色的盤扣、褐色系的扣子數顆。

6

麂皮繩的一端縫在髮圈的右邊，來回需縫4~5圈固定。

7

將盤扣縫上，並蓋住麂皮繩的縫線。髮圈的左邊，使用一樣的方法，縫合麂皮繩與盤扣。

POINT：縫線記得選擇跟緞帶一樣的顏色，這樣縫線就看不出來了。

8

選擇喜歡的扣子縫上。

9

再剪一塊一樣大小的皮革。

10

混合AB膠，塗在兩塊皮革的背面。

11

黏合兩塊皮革。

12

在兩塊皮革的邊緣，塗上些許AB膠，加強黏合。

13

緊壓皮革的邊緣，不能讓兩塊皮革中間出現縫隙。

14

待AB膠乾透，修剪突出的部分，使兩塊皮革齊平。

15

完成如圖。

舊毛衣變新帽

過季的毛衣款式丟掉太可惜，其實毛衣的質料好，
又有彈性，非常適合拿來做冬天保暖的毛帽喔！

準備舊毛衣一件

剪下長35cm寬29cm的裁片兩片。

POINT：帽子裁片的大小該如何量呢？

先量出頭圍，假設頭圍54cm，裁片寬是54cm/2+2cm（縫份）=29cm，長則自行決定。雖然縫份只多加2cm，但實際左右要各縫2cm，等於縫4cm（如右頁的步驟2），因為毛衣的彈性很好，如果裁片剛好符合頭圍，則帽子戴起來很容易鬆脫，所以裁片要稍微小一點。

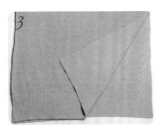

將裁片對齊，正面朝內。

距離邊緣2cm處，使用迴針縫縫合（請參考第19頁），毛衣下襬束口處不要縫合。

將裁片翻至正面。

將下襬未縫合處拉出。

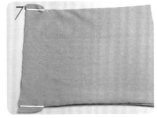

距離邊緣2cm處，使用迴針縫法縫合下襬。

將剛剛縫合的地方展開。

縫邊向內摺。

再將向內摺的地方合起。

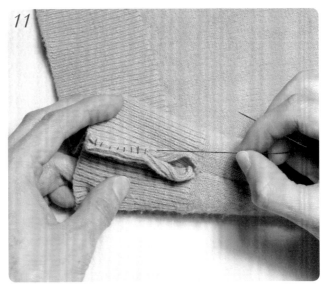

使用藏針縫法縫合。

12

整個裁片翻至反面,將兩側多出來的邊長向內摺後合起,使用藏針縫縫合。

13

縫合後如圖。

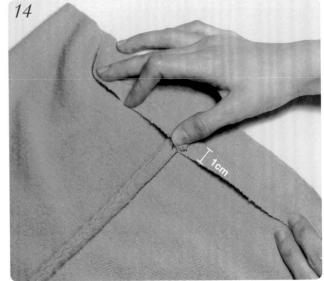

14

帽子上緣向外摺1cm。

15

再折1cm後用絲針固定。

16

使用交叉縫(請參考第22頁)縫合絲針固定處,沿著邊緣縫一圈。

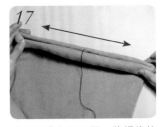

17

縫合完畢翻至正面,將帽緣拉平,步驟11的縫線處置於左右內側,從帽緣中心點起針。

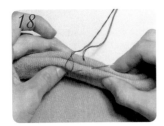

18

穿過帽緣相對位置的另一邊。

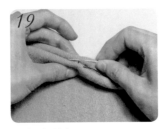

19

再縫回起針處。

20

將左邊開口向起針處對齊靠攏。

21

穿過左邊步驟11縫線的位置。

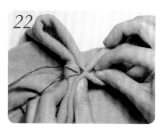

22

回到中心點。

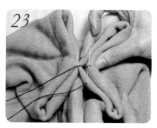

23

再將右邊開口向起針處對齊，穿過右邊步驟11縫線的位置。

24

回到中心點起針處。

25

打結收線。

26

毛衣下襬束口往上摺，並來回縫2～3針固定，固定左右兩側即可。

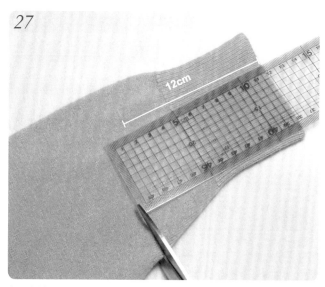

27

12cm

在毛衣袖口量測12cm裁下。

28

在離袖口3cm處畫線做記號，使用平針縫一圈（請參考第18頁）。

29

縫一圈後，拉緊，打結收針。

將下緣處向上翻起。

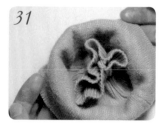
再反摺向下。

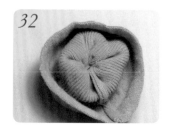
翻至背面。

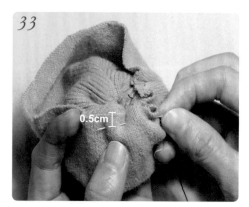
在離邊緣0.5cm處使用平針縫縫合，縫合時需縫到兩層布料，除表層布料外，還需縫到裡層布料。

縫合一圈後，拉緊，打結收針。

將花朵置於帽緣。

使用藏針縫縫合。縫合一圈，打結收針即完成。

夏日休閒，
我的襯衫風。

將舊的工作服用漂白水洗過，
再利用一些布料加以改良，
就可以變成夏季休閒服囉！

來幫親愛的改件襯衫吧！

一、改造袖口

1

準備一件白色長袖襯衫。

2

剪掉袖子約三分之二的長度，
切口與袖口平行。

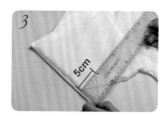

3

袖子邊緣向外摺5cm。

4

再向外摺5cm。

5

使用迴針縫3〜4針(請參考第19
頁)，固定摺起來的袖子下擺。

6

使用迴針縫3〜4針，固定摺起來
的袖子上緣。。

7

先前剪下的袖子，靠近袖口處，有
一長型三角袖片，將其小心剪下。

8

長型三角袖片以及袖口的扣子都
剪下備用。

9

將長型三角袖片與扣子一同固定
在袖子上緣。

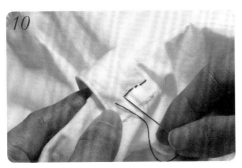

過長的三角袖片往內摺，與袖子內裡使用迴針縫固定。

縫好如圖。

二、改造口袋

剪一塊格子長方形布料蓋住口袋的LOGO，長方形布料的長度需比口袋長2cm作為縫份。

長方形布料的寬度可隨自己喜好調整，只要能蓋住LOGO，並留2cm作為縫份即可。

將長方形布料的上下左右邊向內摺1cm，燙好備用。

燙好的長方形布料用絲針固定在口袋上。

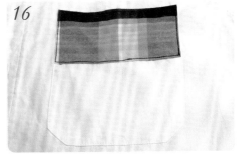

使用迴針縫沿著長方形布料縫一圈，使布料與口袋縫合。

三、改造領口

17

取一張牛皮紙，將領子的形狀畫在牛皮紙上。

18

剪下牛皮紙對在領子上，看是否有不合的地方需要修剪。

Point
領子尖角的部分
要如何燙呢？

A

需先將尖角頂尖外多餘的布料向內摺。

B

再將尖角右邊的布料向內摺。

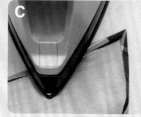
C

最後把尖角左邊的布料向內摺即完成。

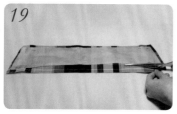
19

將修剪好的領子版型與格子布料用絲針固定，並沿著版型留0.5cm的縫份，剪去多餘的布料。

20

將0.5cm的縫份往內摺，並燙平。

21

四邊皆燙完，將版型取出。

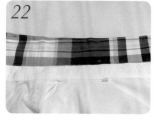
22

燙好的格子布料用絲針固定在領子上。

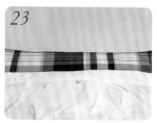
23

使用迴針縫沿著格子布料縫一圈，使布料與領子縫合。

24

縫合完畢，將襯衫整燙一下，領子翻下來即完成。

包圍你的溫度

曾是身上的冬衣，即使破了下一個冬天依然可以擁有它，
把它變成圍巾，這種溫度叫念舊。

包圍你的溫度

1
準備一件過季舊款的毛料外套。

2
剪下外套的前面或者後面，比較完整沒有縫線的區塊。

3
也可以選擇將袖子剪下使用。

4
將袖子整個剪開，選擇較大面積的區塊裁剪，避開縫線。

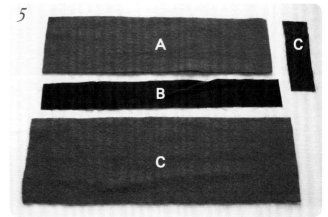

5
將外套裁剪成A與C裁片大小，各兩片。另選一塊黑色平織布，裁剪成 B 與 D 裁片大小，各兩塊。

A裁片：42cm × 12cm
B裁片：42cm × 4cm
C裁片：46cm × 15cm
D裁片： 5cm × 15cm

6
A裁片正面朝上，與B裁片對齊上方，距離邊緣0.5cm處，使用迴針縫(請參考第19頁)縫合。

7
C裁片正面朝上，與D裁片對齊右邊，距離邊緣0.5cm處，使用迴針縫縫合。

8
將縫好的AB裁片短邊，與CD裁片短邊接在一起。

9

AB裁片與CD裁片接在一起的方法如圖。AB裁片正面朝上，CD裁片正面朝下，對齊右邊，在距離邊緣0.5cm處，使用迴針縫縫合。

10

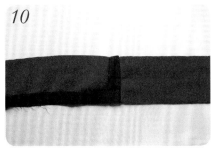

縫合好，攤開，正面如圖。

11

使用同樣的方法，縫合另一組ABCD裁片，再將兩組接在一起。縫好如圖。

12

使用熨斗將圍巾燙平整。燙毛料時，要注意溫度，不宜太高。

13

另剪一塊長181cm，寬15cm的黑色平織布，做為圍巾的內裡。

14

縫好的圍巾正面朝上，與剛裁剪的黑色平織布疊合，距離邊緣0.5cm處，使用迴針縫縫合。

15

沿著圍巾的邊緣縫一圈。

16

其中一邊留下一開口，使手能伸進開口。

將縫好的圍巾翻回正面，從尾端開始往內推。

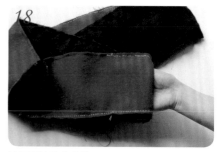

使用手協助向內推。

從之前預留的開口，拉出圍巾，翻回正面。

翻回正面如圖。

用藏針縫(請參考第20頁)縫合開口。

縫合好，將圍巾四邊的尖角拉出。

使用熨斗整燙圍巾。

完成如圖。

裙子太長，
再短一點。

家中的及膝裙已經過時了，
穿起來總覺得太過老氣，
但丟了又可惜。
其實只要把它改短一點，
感覺就不一樣囉！

裙子太長，再短一點。

準備一條預定要修改的裙子，並事先量好要裁掉的尺寸。

POINT：如何知道需要裁掉多長的裙襬呢？

這裡教大家一個簡單的方法：先把裙子穿上，在你所希望改短的長度上做記號(做記號時不可彎腰，否則記號會不準，建議請別人幫忙做記號)，然後在記號線下多留5公分的縫份，剩下的長度即是需要裁掉的裙襬。

以圖2為例，此件裙子需改短10cm，但必須多留5cm縫份，因此只裁掉5cm的裙襬。

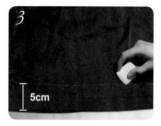

沿著裙襬5cm處畫上裁切線。

沿著裁切線剪下多餘的裙襬。

將靠近裙襬的扣子或裝飾先拆掉。

裙襬向內摺1cm，並用絲針來固定。

用熨斗燙裙襬內側，直至燙出摺紋，取出絲針。

POINT：熨斗要這樣用喔！

使用熨斗時需注意溫度，若裙子是尼龍材質，需用低溫或隔一層布燙，可先試燙一小塊，避免把纖維燙壞；棉布才可使用高溫。熨斗的正確使用方式是垂直放在布料上，靜置3~5秒再垂直拿起，移至下一塊要燙的區域。不宜左右推移，左右推移反而會使衣物纖維變形，難以整燙。

裙襬再向內摺4cm，用絲針固定，熨斗燙裙襬內側，直至燙出摺紋。

用交叉縫固定裙襬，縫完一圈後，取下絲針即可完成。

心花開の雪紡胸針

舊衣上的雪紡紗，不會是多餘的，
它應該是心中純真花開後的樣子。許下，童彩心願。

心願胸花

謝謝媽給我的漂亮花花

準備一條舊款的雪紡紗裙子。

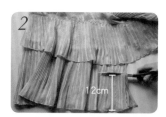

剪下裙子下擺的部分，寬約12cm。

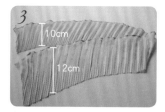

裁成一條長約90cm、寬約10cm~12cm的長方形，寬度可不規則，自由裁剪。

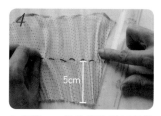

在寬邊5cm的位置使用平針縫（請參考第18頁），縫一直線。

縫好如圖。

將縫線慢慢拉緊。

翻至正面,呈現上層為小花朵,下層為大花朵的造型。

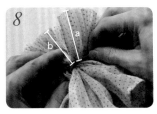

縫合小花朵a邊與b邊的底部,使兩邊接合。

縫線藏到大花朵的背面,打結固定。

將小花朵的布邊抽絲,並做適度的修剪。

準備一些用不到的耳環、項鍊墜子,或是衣服上拆下來的珠子。

使用鉗子將耳環或鍊墜上的金屬圈拆下,留下要使用的珠子。

將大顆的珠子縫在正面小花朵的中心(請參考第26頁,雙孔鈕扣的縫法)。

其他的珠子與配件照自己的喜好,依序縫上。

可使用較小的珠子,串成一條,裝飾在大珠子的周圍。

若是覺得下層大花朵的布邊太長,可使用平針縫收邊。

將縫線拉緊。

打結固定。

混合AB膠,塗在別針的底托上。

將底托黏在胸花的背面,並將縫線與線頭蓋住。AB膠約5分鐘乾,即可固定。

完成如圖。

童彩胸花

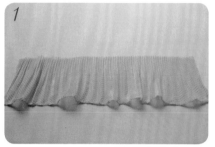

裁一條長約45cm、寬約10cm的長方形。

將長方形對折。

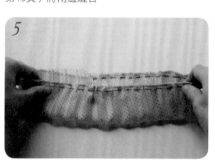

右邊距離布邊0.5cm處，使用迴針縫（請參考第19頁）將兩邊縫合。

縫合好的長方形，如圖摺成環狀，縫線要藏在內側。

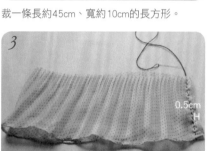

使用平針縫（請參考第18頁），沿著布邊縫一圈。

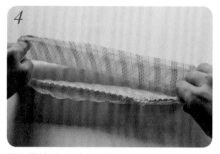

將縫線拉緊，整成花形。

收緊後，在底部打結。

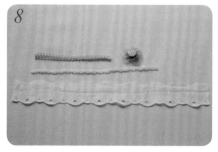

準備寬的布緞帶30cm，以及細緞帶12cm與20cm各一條，裝飾小花一朵。

使用平針縫，沿著寬緞帶的布邊縫一直線。

將縫線拉緊，整成花形，在底部打結。

將白色花朵的中心點，對齊粉紅色花朵的中心點。

使用縫線來回縫合，白色花朵與粉紅色花朵。

細緞帶的一端，縫在粉紅色花朵的背面中心點。

細緞帶的另一端，縫在粉紅色花朵與白色花朵之間。

另一條細緞帶用同樣的方法縫合，再將裝飾小花縫上，即完成。

混合AB膠，塗在別針的底托上。將底托黏在胸花的背面，並將縫線與線頭蓋住。等膠乾，即完成。

Lesson 5

手縫技巧應用(2)
手作布小物

學會基本手縫技巧後，
你是不是也想動手製作出一件屬於自己的布小物，
Lesson 5 將運用前面介紹的縫法，
教大家製作居家生活小物。

路上，
跟著走的配飾

每件物品生來該有它更美的樣子，
如果零碎的布料能陪你旅行、工作、約會呢？
幫它們找到比零碎更好的模樣。

1

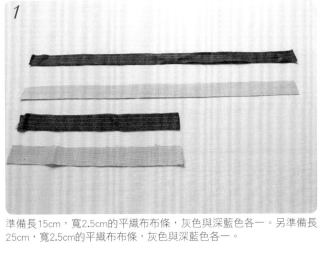

準備長15cm，寬2.5cm的平織布布條，灰色與深藍色各一。另準備長
25cm，寬2.5cm的平織布布條，灰色與深藍色各一。

2

選擇任一布條，將其對折。

3

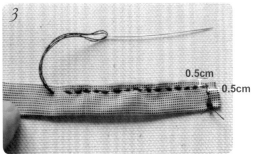

0.5cm
0.5cm

距離布邊右側與上方0.5cm處，使用迴針縫(請參考
第19頁)縫合。

4

所有布條都使用同樣的方法縫合，
並留下左側的開口，不要縫合。

5

將縫合好的布條右上角，剪一小
缺口，小心不要剪到縫線。

6

布條的右下角，也要剪一小缺
口，以方便等下翻回正面。

7

將一條縫線打結，從布條的右側
穿進布裡。

8

把針慢慢推出到布條的左側開
口。

9

推出針的時候，要小心不要縫到
布條內側。

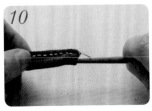

10

使用筷子將布條右側往內推，以便布條從左側拉出，翻回正面。

11

推到筷子會卡住的時候，改用步驟7的針線拉出。

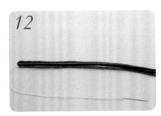

12

布條翻成正面如圖。

13

將翻好的15cm深藍色布條慢慢捲起，並用針線固定。

14

可將針穿過捲曲的中心點，縫合固定。

15

捲至喜歡的大小，剩下的布條可折疊一小段，作為葉子。

16

用小針距來回縫合，固定折疊的地方。可使用與布條同顏色的縫線，表面會比較美觀。

17

剩下的布條尾端往內折。

18

將尾端縫合固定。

準備各色的珠子或珍珠。

將珠子縫在之前折疊的布條裡。

用小針距來回縫合，穿過珠子，固定在布條上。

依序縫上其他珠子。

15cm灰色布條用一樣的方法縫製，可做成相反方向的葉子。

取另一25cm深藍色布條，捲曲其中一端。剩下的部分對折，並將尾端向內折，收口縫合。

可隨自己的喜好組合，與深藍色或灰色葉子縫合。

依序縫合，如圖。

另一25cm灰色布條，捲曲其中一端。

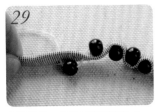

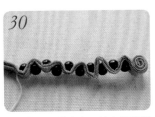

將珠子縫在布條的下方與上方。

拉緊縫線，使珠子與布條貼合。

可根據手腕的大小，決定縫幾顆珠子。

將剩下的布條捲曲縫合。

捲曲直徑較短的一邊，與先前做好的葉子縫合。

手環右邊對摺處，取一段用迴針縫縫合，做為扣環。

扣環縫合的大小，要剛好能套入手環另一端捲曲處。

但扣環也不能太大，手環會容易鬆脫，要剛好卡緊。

完成如圖。

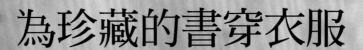

為珍藏的書穿衣服

找兩塊喜歡的布料圖案，為心愛的書本製作一件布書衣，
好好地珍藏起來！

一、測量書本尺寸

先量出書本長度。

用布尺緊貼著書本圍繞一個ㄇ字型，量出書本長度。例如：圖中的書長為34cm。

再量書的高度。例如：圖中的書高為23cm。

打開書本量出書內的摺頁為幾公分。例如：圖中的書內摺頁為9.5cm。

POINT：到底該裁多大的布呢？算式如下：

書套的總長為34cm+9.5cmX2（兩邊的摺頁）+3cm(縫份)=56cm。

高度為23cm+3cm(縫份)=26cm。

二、製作書衣

裁兩塊56cmX26cm的平織布。

將裁好的兩塊布對齊，正面朝內。

右邊距離布邊0.5cm處，使用迴針縫（請參考第19頁）將兩塊布縫合。

8	9

左邊距離布邊0.5cm處，使用迴針縫將兩塊布縫合，中間要留一段開口不要縫，可將手伸進開口裡的寬度。

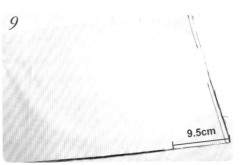

距離縫線9.5cm的位置做上記號。

壓住記號處，將左邊的布往右摺。

摺子的右邊貼齊黑色縫線。

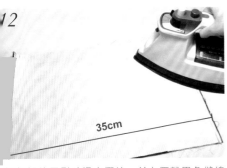

認無誤後用熨斗燙出摺線，並在距離黑色縫線
5cm處做上記號。

將35cm的記號處摺起。

用熨斗將記號處燙出摺線。

將35cm的記號處摺起，用熨斗
燙出摺線。

下層深綠色的布，也在距離黑色縫線35cm處做上記號。

將先前步驟10的摺線與步驟12
的摺線對齊。

用熨斗燙平。

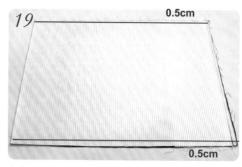

0.5cm

0.5cm

在上下縫邊各0.5cm處，畫線作記號。

使用絲針固定上下縫邊，並沿著
記號線用迴針縫縫合。

將四邊的直角剪一小缺口，方便
之後翻回正面。

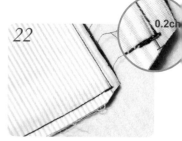

0.2cm

請勿剪到縫線，需距離縫線
0.2cm。

23

從預留的開口將書套翻回正面。

24

確認四邊的尖角都有推出。

25

使用藏針縫(請參考第20頁)將開口縫合。

26

將翻好的書套燙平。

三、穿上書衣

27

幫書穿上衣服。

28

此書衣是兩面顏色可輪替使用。

29

可將書衣翻至另外一面。

也可以在喜歡的地方縫上緞帶，讓書本更夢幻。

風和日麗小提包

出門逛街用的小提包，也可以用手縫的方式完成，
步驟雖然比較多，只要學會就可以無限運用囉！
完成尺寸：高35cm×寬25cm

媽，你在做什麼？

在做小提包喔！

一、準備布料

1 選擇自己喜歡的布料，依照版型(請參考附錄第105頁)裁表布三塊，如圖。

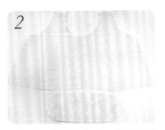

2 選擇自己喜歡的布料，依照版型(請參考附錄第105頁)裁裡布三塊，如圖。

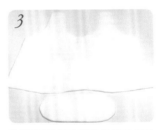

3 依照版型(請參考附錄第106頁)裁鋪棉三塊，如圖。

二、製作表布與底部

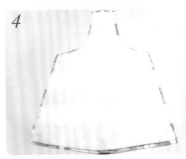

4 將鋪棉有背膠亮亮的一面朝向表布背面，放置表布的中央，周圍用絲針固定。

POINT：要注意喔！

鋪棉的大小應該比表布小，燙在表布的中央，周圍多出的部分為縫份。

5 翻至正面，用熨斗均勻燙平，使鋪棉完全黏附在表布上。

6

另外兩塊表布也要燙上鋪棉備用。

7

將燙上鋪棉的兩塊表布對齊縫邊。

8

將對齊的表布兩側使用迴針縫（請參考第19頁）縫合。

9

縫合後拉開小提包，將小提包縫線移至上、下方。

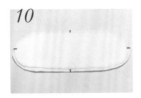

10

底部裁片的上下左右居中處，做上記號。

11

將底部裁片上端記號處，對齊小提包的上方縫合邊。

12

使用迴針縫合底部裁片與小提包下擺，底部裁片的上下記號點，各對齊小提包上方與下方的縫合邊。

13

縫合完畢如圖。

三、製作裡布與扣環

14

將裡布裁片對齊，正面朝內。

15

使用迴針縫合裁片兩側邊。

16

將裡布的底部裁片與小提包裡布縫合，使用迴針縫縫一圈。

17

縫合完畢，翻至正面。

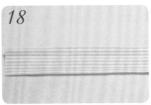

18

剪一布條，長13cm寬2.5cm，作為扣環。

19

反面朝上，往下折約四分之一寬度。

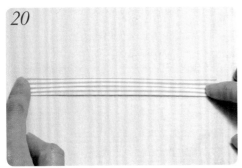

20

反面朝上,往下折約四分之一寬度。

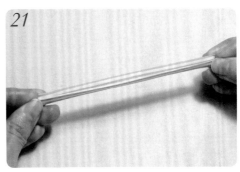

21

再將其對折。

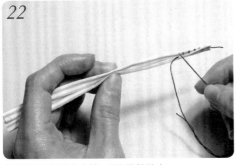

22

使用藏針縫(請參考第20頁)將其縫合。

23

拉緊後打結收線。

24

將扣環彎曲置於裡布中心上。

25

使用迴針縫合扣環與裡布。

四、縫合與完成

26

將裡布放入表布中。

27

將裡布與表布對齊,距離外側約0.5cm處使用迴針縫法縫合。

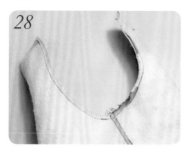

28

沿著邊緣縫一U型。

29

翻至另一面,沿著邊緣縫一U型,但需留下一段開口。

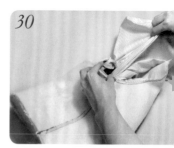

30

從開口處將整個提包翻至正面。

31

將裡袋塞回表布內。

32

小提包的上端提把用平針縫(請參考第18頁)縫合一小段。

33

縫合好的側面如圖。

34

從先前開口處伸手進去。

35

將提把接合的地方翻出。

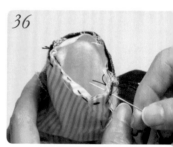

36

使得原本提把右邊的布在外層,左邊的布在裡層。

37

使用迴針縫,沿著先前平針縫的位置縫一圈。

38

再從開口處將提把翻回正面。

39

使用藏針縫縫合開口。

40

將釦子根據扣環的位置縫上。

香甜午睡枕

有兩隻兔耳朵的抱枕，
用來當作休息的午睡枕剛剛好，
快來動手做做看！

完成尺寸：高32cm×寬24cm

今天我一定要抱著它睡

一、製作午睡枕

1.抱枕的正面使用平織布1，背面使用顆粒布2。

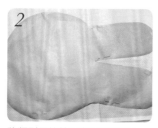

將版型用絲針固定在平織布上。

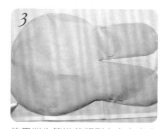

使用消失筆沿著版型在布上畫出午睡枕的圖案。

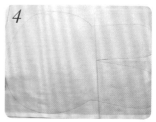

沿著線剪下圖案。

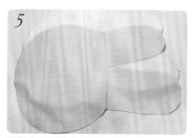

顆粒布與平織布各剪一塊裁片。

POINT：顆粒布在剪裁時，因為布有彈性，必須注意裁布的方向。有彈性的一邊必須放左右向，與版型上的箭頭剛好垂直（版型請參考附錄第107頁）。

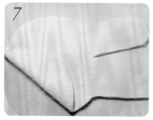

兩裁片對齊，正面朝內，背面朝外。

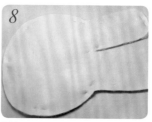

對齊後用絲針固定裁片。

從午睡枕的底部距離布邊0.8cm處開始起針。

10

0.8cm

使用迴針縫(請參考第19頁)，逆時針沿著布邊0.8cm處縫一圈。

11

記得迴針時線要拉緊，並時常翻到背面檢查，確認兩面的布都有縫到。

12

縫完一圈，留下底部一段開口不要縫。

13

開口剛好可把一隻手伸進裡面。

14

在兩耳中間的部份輕剪縫邊，注意不要剪到縫線，距離縫線約0.2cm。

15

大約剪2個牙口，以方便翻回正面時耳朵能平整的翻出。

16

將午睡枕翻至正面。

17

塞入棉花，棉花大約抓一個拳頭的大小塞入，切勿一次塞入太大團的棉花，以免不均勻。

香甜午睡枕

先把耳朵部分塞滿,每一團棉花都一定要推到底,沒有縫隙後,才塞入下一團棉花。

注意左右耳是否胖瘦一致,耳朵棉花塞紮實後,再塞身體的部分。

調整抱枕內的棉花,看是否有凹凸不平的現象。

耳朵與身體交接處要塞入比較多的棉花,才不容易皺皺的。

拿小團一點的棉花,分次推入耳朵與身體交接處。

開口處要塞入多一點的棉花,收口時才不至於凹陷。

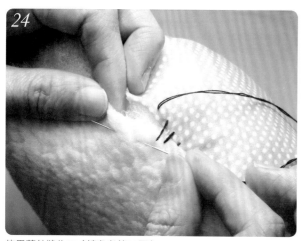

使用藏針縫收口(請參考第20頁)。

打結後,將針從打結處刺入,其他處穿出,剪掉多餘的線即完成。

隨手變生活

二、裝飾蕾絲緞帶

接下來要製作抱枕上的裝飾，首先取一條緞帶，左端向後摺一圈。

緞帶右邊向後摺一圈，要與左圈的緞帶長度相同並重疊。

左邊向後摺一圈，要比之前左邊的圈大。

右邊向後摺一圈，要比之前右邊的圈大。

將捲好的緞帶翻至反面，多出來的緞帶剪到適當的長度。

另剪一條緞帶放在左邊，要與右邊多出來的緞帶長度相同。

緞帶皆打平對齊，在中心線使用平針縫3～4針（請參考第18頁）。

拉緊。

用縫線繞中心4～5圈。

打結固定。

將蝴蝶結縫在午睡枕上，稍加修剪後即完成。

做隻兔偶陪孩子

用刷毛布製作的兔玩偶，摸起來舒服而且看起來質感佳，
當做玩具或禮物都很棒！
完成尺寸：高20cm×寬14cm

耶！我多了一位好朋友

一、準備刷毛布的裁片

1

使用刷毛布製作布偶，因為布有彈性，必須注意裁布的方向。有彈性的一邊必須放左右向，與版型上的箭頭垂直（版型請參考附錄第108、109頁）。

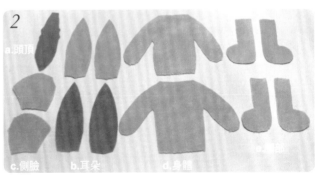

2

a.頭頂　b.耳朵　c.側臉　d.身體　e.腳部

如圖剪下各裁片，耳朵與頭頂裁片可以使用不同的顏色作為配色。

二、製作頭部與耳朵

3

將兩片耳朵的裁片對齊，正面朝內。

4

0.5cm

距離布邊0.5cm處開始起針，使用迴針縫（請參考第19頁）逆時針縫至另一邊尾端。

5

留下底部一段開口不要縫。

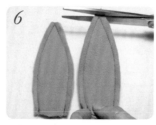

6

剪掉耳朵尖端,離縫線約0.2cm處。

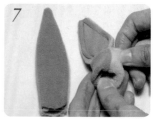

7

將兩隻耳朵翻至正面。

8

將兩片臉部的裁片對齊,正面朝內。

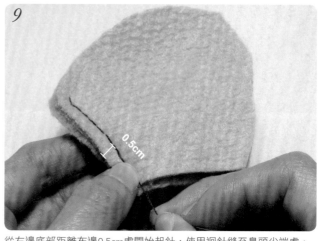

9

0.5cm

從左邊底部距離布邊0.5cm處開始起針,使用迴針縫至鼻頭尖端處。

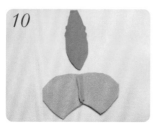

10

將臉部裁片打開,對齊頭頂裁片尖端處。

11

從頭頂裁片尖端處起針,穿過左邊臉部裁片鼻頭處。

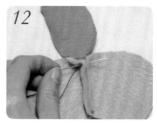

12

再從左邊臉部裁片鼻頭處,穿過右邊臉部裁片鼻頭處。

13

最後回到頭頂裁片尖端處,固定三塊裁片。

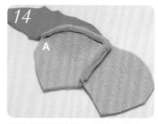

14

A

接著使用迴針縫,縫合左臉與頭頂裁片至A突起記號。

15

B

翻至另一側,再縫合右臉與頭頂裁片至B突起記號。

16 縫合完畢,裁片正面展開如圖。

17 將耳朵對摺。

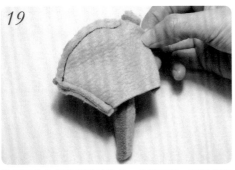
18 對摺之耳朵底端放至頭頂與臉頰交接處。

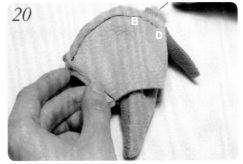
19 將頭頂裁片與臉頰裁片貼合,夾緊耳朵,耳朵需露出一小段在外。

20 從記號B點至D點,使用迴針縫合臉頰、耳朵與頭頂裁片。

21 繼續使用迴針縫,縫合至頭部後端。

22 右側耳朵底端同樣放至頭頂與臉頰交接處。

23 同樣使用迴針縫合後,兩隻耳朵都位於頭部內。

24 縫合完畢頭部背面如圖所示,檢查耳朵位置高度是否一致。

25 將頭部翻出至正面。

三、製作腳部與身體

將腳的裁片對齊，正面朝內。

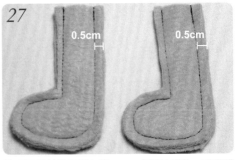

0.5cm　　0.5cm

使用迴針縫從距離布邊0.5cm處開始起針，沿著邊緣將腳部裁片縫合，保留上端開口不縫。

翻至正面，從上端開口處塞入棉花，棉花一次拿一小球。

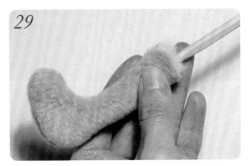

可使用筷子將棉花塞往底部。

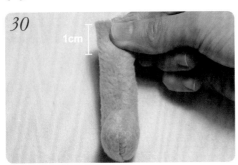

1cm

整隻腳塞滿棉花，上端預留約1cm不塞棉花。

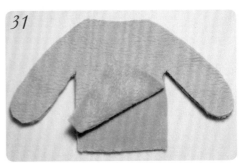

將兩片身體的裁片對齊，正面朝內。

距離布邊0.5cm處，使用迴針縫沿著邊緣將身體縫合，保留上下端開口不縫合。

將腳掌朝下，塞入身體下端開口。

34

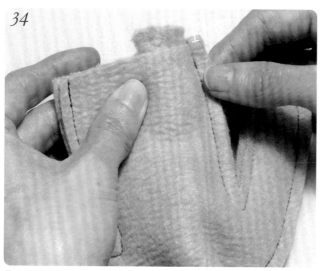

整隻腳塞入身體內，推至右邊靠近縫線，腳部頂端露出約0.5cm。

35

使用迴針縫將身體與腳縫合。

36

縫合固定右邊的腳之後，塞入另一隻腳。

37

繼續縫合左邊的腳與身體交接處。

38

縫合完畢如圖所示。

39

將身體翻至正面，從頸部塞入棉花。

40

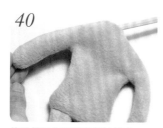

使用筷子先塞滿手部的棉花。

41

再將身體部位與頭部塞滿棉花，接著就要來縫合頭部與身體。

四、縫合頭部與身體

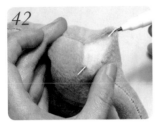
將身體正面與背面中心點處，用消失筆做上記號。

從頭部正面中線旁邊的內側起針。

將頭部中線對齊身體正面記號。

使用藏針縫沿著頸部順時針縫合。

縫至身體後方時頭部正中央需對齊身體背面記號。

縫合一圈至頭部前方時打結，將針刺入打結處，從別處穿出，剪掉多餘線頭。

五、製作尾巴和縫合完成

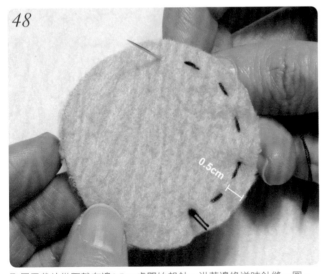
取尾巴裁片從距離布邊0.5cm處開始起針，沿著邊緣逆時針縫一圈。

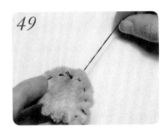
將線拉緊。

放入適量棉花。

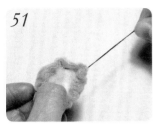

51

一邊將棉花塞入，一邊拉緊縫
線。

52

將洞口縮小至看不見棉花後打
結。

53

將尾巴放在身體下方適當位置。

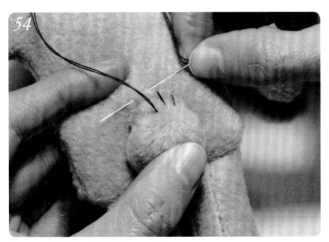

54

使用藏針縫沿著尾巴邊緣逆時針縫合。

55

邊縫合邊拉緊。

56

縫合一圈後打結，將針刺入打結
處，從別處穿出，剪掉多餘的
線頭。

57

將裝飾用的蝴蝶結縫至頸部位
置，即完成。

為玩偶換衣服

在家準備幾塊喜愛的花布，利用手縫技巧，
幫玩偶換上新裝，改變不同造型！
完成尺寸：高11cm×寬14cm

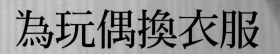

我的媽媽最厲害了！

一、準備花布

1

A. 長8cm寬8cm的花布二塊。　C. 長型花布一塊長38cm寬17cm。
B. 長8cm寬6cm的花布二塊。　D. 格子布一塊長38cm寬11cm。

4

因布偶身體寬6cm，加上左右各1cm的縫份，所以洋裝上半身的布料，先裁一片寬為8cm的長方形。

5

因布偶身體長3cm，下擺加上1cm的縫份，所以洋裝上半身的布料對摺後，長應該為4cm，因此洋裝上半身的布料要裁一片寬8cm長8cm的正方形。

二、製作上半身衣服

2

量出布偶身體寬6cm。

3

洋裝上半身長3cm。

6

將布料正面朝內對折。

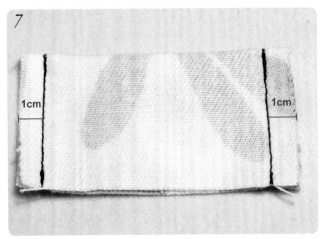

在距離左右兩邊1cm處，使用迴針縫縫合（請參考第19頁）。

將裁片翻至正面備用。

同樣的方法製作身體背後的裁片。

剪兩塊長8cm寬6cm的長方形作為肩帶，剪好將裁片對折。

使用迴針縫在距離外側約0.5cm處，縫合上方及右側。剪掉裁片上方左右兩邊尖角，以便翻回正面時能將直角翻出。

將肩帶翻至正面。

把肩帶放置布偶肩膀上，與身體前後裁片比對，肩帶皆需與前後片重疊，放置適當位置。

將肩帶與身體後片重疊的交接處做上記號。

15
將肩帶放置於身體後片後面,並以記號中心為基點,肩帶向外打斜。確定後以絲針固定。

16
將固定好的肩帶放置布偶身上比對。

17
使用迴針縫合肩帶與身體後片交接處。

三、製作下半身衣服

18
取長型花布一塊,短邊對折。

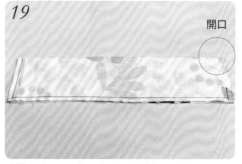

19
開口
沿著布邊0.5cm處,使用迴針縫合,右側留下一開口。

20
尖角
剪掉下端兩側尖角。

21
將花布翻至正面。

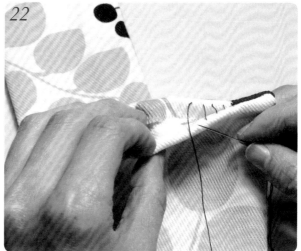

22
使用藏針縫(請參考第20頁)將開口處縫合。

23

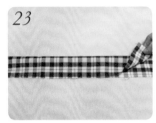

取長型格子布一塊,短邊對折。

24

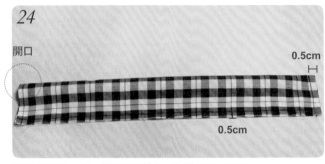

開口

0.5cm

0.5cm

沿著布邊0.5cm處,使用迴針縫合,左側留下一開口。

25

將格子布翻至正面,使用藏針縫
將開口縫合。

26

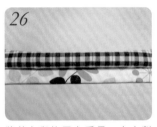

將花布與格子布重疊,上方對
齊。

27

以絲針將兩片布固定在一起。

28

使用平針縫(請參考第18頁)在距離上方0.5cm處
縫合。

29

適當拉緊縫線。

30

將裙片圍在布偶腰上。

31

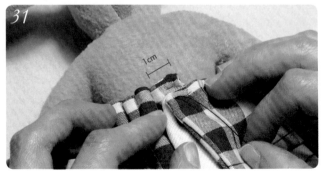

1cm

調整裙片緊度,讓裙片剛好重疊1cm。

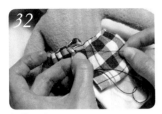

打結固定。

在裙襬交接處縫上暗扣。

將暗扣交接處置於腰側。

四、縫合與完成

身體後片

裙片

將身體後片放置裙片上方,確定身體後片的位置,在裙片上做記號。

記號線

將身體後片擺在裙片後面,對在剛做記號的位置。

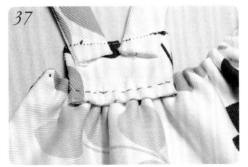

使用迴針縫合身體後片與裙片。

給布偶穿上裙片,並將身體前片放置適當位置,在裙片上做記號。

將身體前片擺在裙片後面，對在剛做記號的位置，並使用迴針縫合身
體前片與裙片。

給布偶穿上洋裝，並將肩帶放在
身體前片後面，調整適當長度。

使用迴針縫將肩帶與身體前片縫合在一起。

也可以在胸前縫上裝飾鈕扣即完成。

小提包表裡布紙型

放大200%

小提包底部表裡布紙型

放大200%

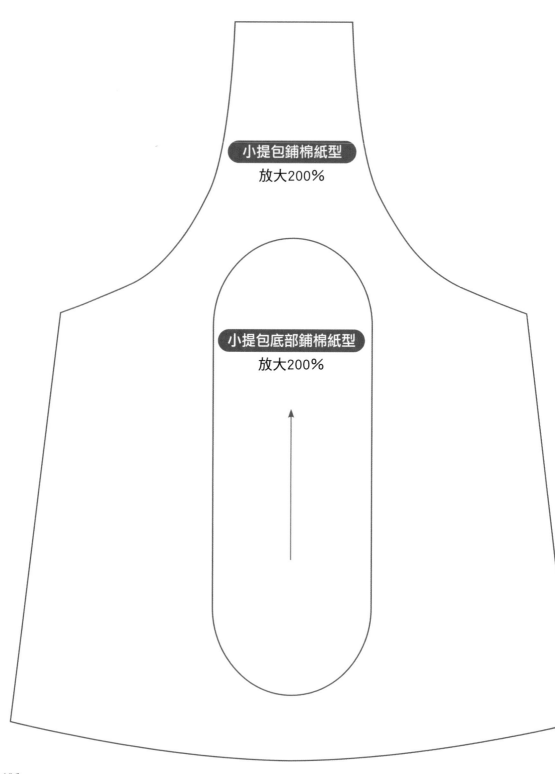

小提包鋪棉紙型
放大200%

小提包底部鋪棉紙型
放大200%

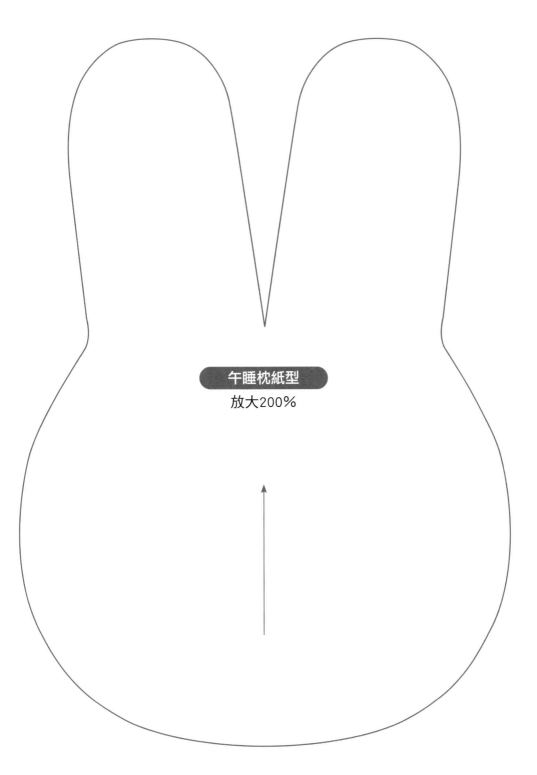

午睡枕紙型

放大200%

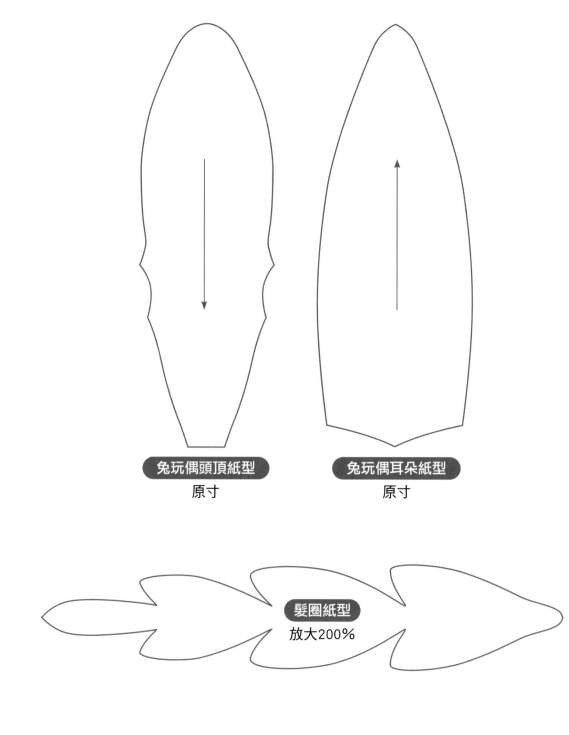

兔玩偶頭頂紙型
原寸

兔玩偶耳朵紙型
原寸

髮圈紙型
放大200%

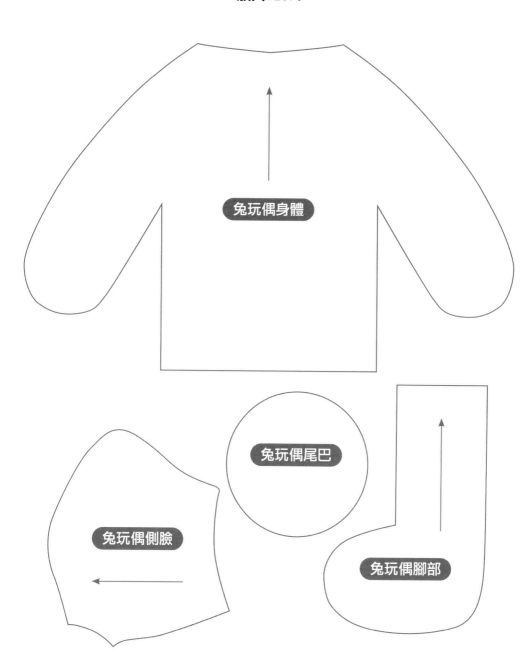

兔玩偶紙型
放大125%

兔玩偶身體

兔玩偶尾巴

兔玩偶側臉

兔玩偶腳部

C　O　P　Y　R　I　G　H　T

腳丫文化
■ K076

隨手變生活　簡約品味的手工改造技能

國家圖書館出版品預行編目(CIP)資料

隨手變生活 / 孫家媛著. --初版--.
--新北市：腳丫文化，2016.05
　　面；　公分. --
　　ISBN 978-986-7637-88-8（平裝）

　1.縫紉

426.3　　　　　　　　　　　105005807

著　作　人：孫家媛
社　　　長：吳榮斌
總　編　輯：陳莉苓
企　劃　編　輯：徐利宜
美　術　設　計：游萬國
封　面　設　計：利曉文
出　版　者：腳丫文化出版事業有限公司
地　　　址：241 新北市三重區光復路一段61巷27號11樓A
電　　　話：（02）2278-3158．2278-3338
傳　　　真：（02）2278-3168
E－m a i l：cosmax27@ms76.hinet.net
郵　撥　帳　號：19768287 腳丫文化出版事業有限公司

國內總經銷：商流文化事業有限公司
印　刷　所：通南彩色印刷有限公司
法　律　顧　問：鄭玉燦律師

定　　　價：新台幣 280 元
發　行　日：2016 年 5 月　第一版　第 1 刷

腳丫文化及文經社共同網址：
http://www.cosmax.com.tw/
www.facebook.com/cosmax.co
或「博客來網路書店」查詢。

Printed in Taiwan

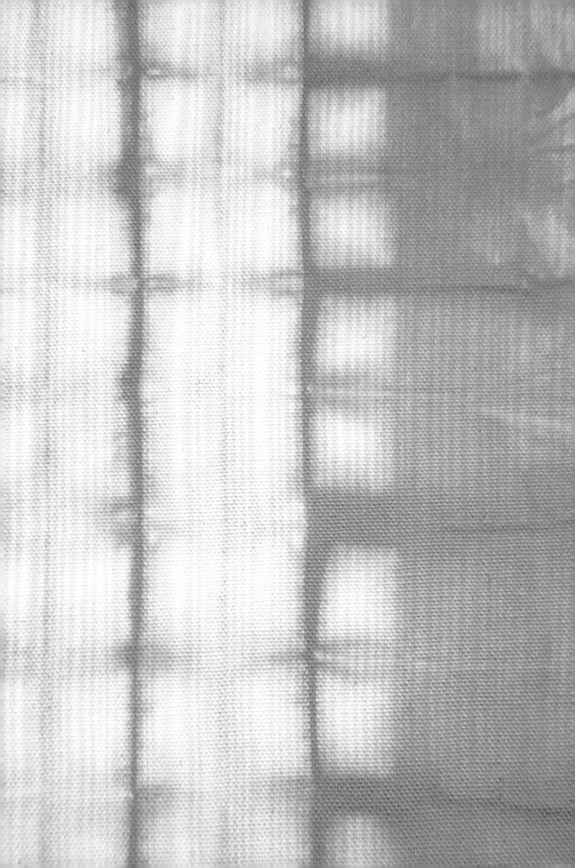